RAPPORT DU PROFESSEUR DÉPARTEMENTAL

D'AGRICULTURE

1° Sur la situation des champs d'expériences et de démonstrations pendant l'année agricole 1892-1893;

2° Sur les résultats de la statistique agricole décennale de 1892.

FOIX
TYPOGRAPHIE VEUVE POMIÈS
1894

RÉPUBLIQUE FRANÇAISE

DÉPARTEMENT DE L'ARIÈGE

AGRICULTURE

RAPPORT DU PROFESSEUR DÉPARTEMENTAL

D'AGRICULTURE

1° Sur la situation des champs d'expériences et de démonstrations pendant l'année agricole 1892-1893;

2° Sur les résultats de la statistique agricole décennale de 1892.

FOIX
TYPOGRAPHIE VEUVE POMIÈS
1894

(Extrait du Rapport du Préfet au Conseil général, première session de 1894.)

Champs d'expériences et de démonstrations.
Compte rendu de 1892-1893.

J'ai l'honneur de vous adresser le onzième rapport sur les champs d'expériences et de démonstrations de l'Ariège. Progressivement augmentés et transformés, ces champs embrassent, en ce moment, toutes les industries agricoles de l'Ariège; on y étudie tous les progrès à réaliser : reconstitution des vignes, multiplication des pommiers à cidre, amélioration de la culture céréale par la sélection des semences et l'emploi d'engrais minéraux, culture des plantes fourragères et industrielles.

Je répéterai, comme l'année dernière, qu'il est possible, dès aujourd'hui, de tirer quelques conclusions générales des observations multiples et répétées que nos champs de démonstrations ont permis de faire.

Un premier fait se dégage, sans conteste, de centaines de cultures faites sur les divers points du département dans les conditions de sol et de climat les plus différentes, c'est l'admirable efficacité des engrais supplémentaires industriels ou chimiques. Partout, les résidus industriels ou les sels fertilisants, sulfate d'ammoniaque, azotate de soude, chlorure de potassium, phosphate de chaux, etc., quoique leur emploi n'ait pas toujours été judicieusement effectué, ont donné des résultats remarquables, forçant l'attention des cultivateurs les plus routiniers. C'est notamment dans les terrains les plus infertiles,

les plus dénués de sels solubles, que leur action s'est montrée le plus efficace. Avec une dépense d'engrais de 90 à 130 francs par hectare, on a vû, sur plusieurs points du département, à la condition de bien faire la culture, les rendements du blé passer de 8 à 20 hectolitres à l'hectare. Nos agriculteurs ne demeurent pas insensibles à ces démonstrations.

Les réserves qu'on formulait au début contre les engrais commerciaux, au point de vue de la durée de leur activité et de la possibilité de leur emploi continu, disparaissent, elles-mêmes, devant nos dix années de culture, exclusivement aux engrais chimiques, avec des résultats de plus en plus satisfaisants. Nous restituons depuis dix années à Montgauzy avec l'engrais chimique complet, sans fumier, et nos rendements sont de plus en plus élevés. On ne peut plus parler de terres brûlées par des engrais. J'appelle formellement l'attention sur cette culture de céréales ou pommes de terre, faite pendant dix ans avec engrais chimiques exclusivement sans apport de fumier de ferme ou d'humus.

L'expérience a duré plus longtemps sur certains champs de l'Angleterre, mais n'a pas donné de résultats plus nets.

L'engrais dont l'usage s'est le plus répandu est le superphosphate de chaux, qui donne des bénéfices considérables par l'application aux prairies naturelles, dont il double ou triple la production.

Un deuxième fait ressort clairement de l'observation de nos champs de démonstrations, c'est l'importance du choix judicieux des variétés cultivées. Qu'il s'agisse de céréales ou de plantes sarclées, le résultat d'une opération, bénéfice ou perte, dépend souvent du choix d'une variété bien adaptée. Nos champs se prêtent fort bien à cette recherche des variétés bien adaptées. Dans notre Sud-Ouest, à climat excessif au point de vue de la température et caractérisé par la distribution irrégulière des pluies, ce n'est pas impunément qu'on se laisse tenter par les variétés à haut rendement de la région céréale. Quelques années d'observations nous ont prouvé qu'il fallait renoncer aux blés anglais ou allemands, mais sélectionner soigneusement les variétés de notre région. J'ai, pour mon compte, amélioré d'une façon continue, par une sélection attentive, l'excellent blé rouge de Bordeaux, qui me donne des rendements remarquables dans un sol des plus médiocres. Toujours au point de vue du choix des variétés, nos champs de démonstrations ont vulgarisé, en la faisant pénétrer dans tous les coins de l'Ariège, la pomme de terre *Institut de Beauvais*, qu'on peut considérer comme la plus fertile et la meilleure des variétés de notre région. Après quatre années de culture comparée dans les condions les plus variées, j'affirme que la *Richter's imperator* lui est inférieure.

Il faut dire que la sélection de la semence se fait attentivement au champ d'expériences de Montgauzy, où la variété de Beauvais s'améliore d'année en année, au point de vue de la forme ou du rendement. C'est en pratiquant une sélection soigneuse que nous avons pu tirer de la variété de Beauvais une sous-variété à chair jaune, inférieure à la variété mère pour le rendement et la résistance au peronospora, mais bien supérieure pour les qualités alimentaires.

Enfin, avant de passer à l'étude de 1892-93, il est un troisième fait que je veux faire ressortir, parce qu'il faut l'affirmer en toutes circonstances, c'est que les résultats donnés par les cultures dépendent plus encore des soins culturaux que des qualités des semences ou du sol et de l'apport d'engrais. Je le répèterai dans tous mes rapports : *tel cultivateur, tels résultats.*

Pour l'année 1893, la comparaison de nos champs départementaux à grandes surfaces de 1 hectare à 20 ares et des champs de démonstrations scolaires de 3 ares démontrent pleinement ce fait. Le rendement dans les champs scolaires, la plupart très bien cultivés, *jardinés*, est beaucoup plus élevé, toutes autres circonstances égales, que celui des champs départementaux.

ANNÉE 1892-1893. — RÉSULTATS.

Champ d'expériences de Montgauzy.

Culture des pommiers à cidre. — La prairie de Montgauzy a une collection de pommiers à cidre dont les variétés suivantes ont fructifié en 1892 : Binet gris, Saint-Laurent, Rouge bruyère, Frequin rouge, Barbari, Bedan, Frequin barré.

L'étude de ces pommes a donné les résultats suivants :

	Densité du jus.	Sucre par 1,000 gr.
Binet gris	1,076	170
Saint-Laurent	1,080	174
Rouge bruyère	1,081	175
Frequin rouge	1,087	205
Barbari	1,080	187
Bedan	1,080	176
Frequin barré	1,072	164

Ces variétés gardent la qualité de leur jus dans notre pays ; la proportion de sucre y est à peu près la même ou plus élevée que dans le pays d'origine, mais les arbres ne sont pas vigoureux et je me demande si nous ne devrons pas nous contenter des variétés de notre pays en les sélectionnant au point de vue de la fabrication du cidre. Je signale déjà une variété que j'ai fait greffer au champ d'expériences, la « platète », dont je pourrai distribuer une centaine de sujets dès cette année.

Collection de vignes américaines. — Producteurs directs. — Les principaux cépages américains producteurs directs ont fructifié cette année à Montgauzy. Les visiteurs ont pu goûter le Canada, Othello, le Braudt, le Crevelin, le Cunningham, l'Elvira, le Grein's, l'Herbemont, l'Hungtindom, l'Isabelle, le Jacquez, le Massasoit, le Noah, le Secretary, le Senasqua. Le Canada, d'un goût très franc, et le Secretary, d'un goût légèrement musqué, ne présentent pas une résistance suffisante pour être employés à la reconstitution. Les autres sont ou foxés ou trop peu résistants pour être utilisés.

Porte-greffes. — Le champ de Montgauzy possède une collection à peu près complète de tous les porte-greffes utilisés jusqu'ici. Elle renferme le Jacquez, le Viala, le York Madeïra, l'Azémar, le Bacchus, le Taylor, l'Uhland, le Solonis, les meilleures variétés de Riparia et de Rupestris, les hybrides Riparia Rupestris 101 et Aramon Rupestris Ganzin numéro 1. La reconstitution est possible avec ces cépages dans tous les sols non calcaires, et les meilleurs cépages pour les sols calcaires se trouvent dans la collection. Il pourra être distribué cette année des milliers de boutures, dont la répartition se fera d'après les demandes qui me seront adressées pendant mes conférences.

Pépinières d'américains. — Une pépinière de racinés de deux ans des variétés suivantes pourra être distribuée dans les mêmes conditions. Elle comprend : les Bacchus, Black-Eagle, Black-Pearle, Braudt, Canada, Cornucopia, Creveling, Cunningham, Elvira, Grein's Hungtindom, Massasoit, Oporto, Othello, Riparia Fabre, Riparia gloire de Montpellier, Riparia grand glabre, Riparia Rupestris, Riparia grand Violet, Rulander, Rupestris type, Rupestris Ganzin, Rupestris Forworth, Rupestris fertile, Aramon Rupestris, Rupestris Othello, Secretary, Senasqua, Solonis, Taylor, Uhland, Viala, York Madeïra, Azémar. Je réserverai les variétés les moins calcifuges pour être distribuées sur les points du département où la vigne est plantée en sol calcaire.

Culture du lathyrus sylvestris. — Ce nouveau fourrage s'est montré absolument médiocre à Montgauzy. J'avais pourtant acheté les graines de la variété sélectionnée de Wagner et appliqué des engrais variés. Le rendement a été très faible. La réputation de cette plante me paraît très surfaite

Culture de blé de Bordeaux et de Shireff avec engrais complet à la dose de 1,000 kilogrammes à l'hectare. — J'ai voulu comparer encore une fois les variétés à grand rendement du Nord avec nos variétés du Sud-Ouest et j'ai cultivé le Shireff à côté du blé de Bordeaux. L'ensemencement s'était bien fait, le blé a bien végété jusqu'au moment où la sécheresse a empêché le développement du grain.

Rendement à l'hectare :

Blé de Bordeaux	14 hectol.
Blé Shireff..........................	11

Le blé de Bordeaux pesait 70 kilogrammes, le blé Shireff 68 kilogrammes.

Culture de pommes de terre. — Ont été cultivées à Montgauzy les variétés suivantes : Imperator, Géante de Reading, Institut de Beauvais, Beauvais jaune.

La culture a été faite comparativement en sol défoncé à 20 centimètres et à 35 centimètres, avec 1,000 kilogrammes d'engrais dans les deux cas :

Voici les résultats obtenus :

	Sol défoncé à 20 centimètres.	Sol défoncé à 35 centimètres.
Imperator	22,000 k.	27,000 k.
Géante de Reading..	21,000 k.	24,000 k.
Institut de Beauvais..	18,000 k.	22,000 k.
Beauvais jaune	16,000 k.	19,000 k.

L'approfondissement du sol par le labour est une opération de première importance dans la culture de la pomme de terre. C'est pour cela que j'ai répété l'expérience de culture avec différentes profondeurs de l'année dernière.

La Géante de Reading, très belle de forme, tient presque la tête pour le rendement cette année ; c'est un fait exceptionnel. La Beauvais ne vient qu'au troisième rang. La culture de la pomme de terre a particulièrement souffert de la sécheresse de cette année.

Culture du maïs quarantain. — Ce maïs a souffert de la sécheresse, mais il était mûr de très bonne heure (8 octobre). Il se prête donc très bien à la culture de blé sur maïs.

CHAMPS DE DÉMONSTRATIONS.

Culture du blé. — Les rendements n'ont été qu'exceptionnellement satisfaisants cette année. La sécheresse a fait le plus grand mal, là comme ailleurs. Pourtant, les résultats démontrent, cette année encore, l'efficacité des engrais complémentaires dans la culture céréale.

Chaque champ a reçu 200 kilogrammes de sulfate d'ammoniaque, 200 kilogrammes de chlorure de potassium, 400 kilogrammes de superphosphate de chaux.

Champ de Sabarat (M. Cathala). — M. Cathala fait, depuis deux ans, la culture industrielle du blé sur des terres argilo-siliceuses; il sème blé sur blé avec engrais complet à la dose de 800 kilogrammes à l'hectare. Il a semé cette année 12 hectares; il compte en semer 24 hectares l'année prochaine.

Résultats obtenus :

	Avec 800 kilog. engrais complet	Avec 10,000 kilog. fumier.
Bladette de Lavaur . .	23 hectol.	13 hectol.
Blé de Bordeaux	20	11

Champ de Saint-Girons (M. Trinqué). — La récolte de M. Trinqué a beaucoup souffert de la sécheresse. Pourtant l'action de l'engrais s'accuse bien.

Résultats obtenus :

Blé avec 800 kilogrammes engrais	13 hectol.
Blé avec 8,000 kilogrammes fumier	7

L'excédent de production couvre les frais d'engrais.

Champ d'Artix (M. Soula). — La culture est faite sur guéret bien nettoyé en sol argilo-siliceux, très pauvre.

Résultats obtenus :

	800 kilog. engrais complet.	10,000 kilog. fumier.	sans engrais.
Bladette de Lavaur.	16 hect.	13 hect.	5 hect.
Blé de Bordeaux . . .	17	15	5
Blé de Freychenet. .	16	14	6

L'effet des engrais chimiques sur des terres argilo-siliceuses est absolument certain. Depuis 8 ans, je n'ai jamais eu de mauvaises récoltes. Le blé de Bordeaux se comporte toujours bien parce qu'il est bien sélectionné.

Champ de Saint-Jean-de-Verges (M. Ferriés). — Culture en terre argilo-siliceuse après pommes de terre et maïs.

Résultats obtenus :

Blé de Bordeaux avec 800 kilog. engrais... 20 hectol.
Blé de Bordeaux avec 10,000 kilog. fumier 17

Les rendements ne sont pas aussi élevés que les autres années, mais la fumure à l'engrais complet reste plus efficace.

Champ de Cos (M. Vergnies). — La commune de Cos a beaucoup souffert de la sécheresse; les récoltes y ont été très mauvaises.

Résultats obtenus :

Blé de Freychenet avec 800 kilog., engrais complet........................ 12 hectol.
Blé de Freychenet avec 10,000 kilog. fumier 8

Dans ce cas, l'engrais n'est pas payé par la récolte, mais il y a un reste dans le sol qui s'applique aux récoltes suivantes.

Champ de Rouze (M. Soumain). — Résultats obtenus :

Blé du pays avec 800 kilog. engrais complet........................ 10 hectol.

La récolte a été nulle dans le pays.

Sans doute, le prix de l'engrais n'est pas couvert, mais n'est-il pas heureux de pouvoir réaliser un peu de récolte par l'application des engrais lorsque la récolte fait entièrement défaut ailleurs.

Champ de Besset (*M. Roubichou*). — Les résultats sont médiocres, nous écrit M. Roubichou. La sécheresse en est la cause.

Résultats obtenus :

	Avec 800 kilog. engrais complet.	Avec 10,000 kilog. fumier.
Blé de Bordeaux....	19 hectol.	»
Blé du pays........	17	13 hectol.

Les terres dans lesquelles se trouve M. Roubichou ont donné cette année une moyenne de 13 hectolitres. Les résultats sont donc relativement satisfaisants.

Champ de Cérisols (*M. Duclos*). — La région dans laquelle se trouve M. Duclos a été cette année fort éprouvée par la sécheresse. Le rendement du blé, avec 800 kilogrammes engrais complet, a été de 12 hectolitres. Le rendement moyen du pays : 10 hectolitres.

Champ de Mirepoix (*M. Azéma*). -- M. Azéma, directeur de l'école de Mirepoix, a un champ de démonstrations scolaires pour lequel il reçoit 300 kilogrammes engrais complet au nitrate de soude. Il a obtenu, par une culture soignée sur une petite surface, 21 hectolitres à l'hectare, résultats satisfaisants pour l'année.

Culture de pommes de terre.

Les pommes de terre du champ de Montgauzy ont été distribuées dans les champs de démonstrations du département par 2 et 3 hectolitres avec 300 kilogrammes d'engrais complet par champ.

Voici les résultats obtenus avec les rendements en kilogramme à l'hectare :

LOCALITÉS.	PROPRIÉTAIRES.	VARIÉTÉS.	NATURE DU SOL.	RENDEMENT A L'HECTARE en kilogrammes avec 1200 kilog. eng. complet	RENDEMENT A L'HECTARE en kilogrammes avec 10000 kilog. de fumier.	OBSERVATIONS.
	MM.					
Saint-Girons	Trinqué	Institut de Beauvais	Argilo-siliceux	24.000	»	M. Trinqué est très satisfait de la variété Institut de Beauvais, fort appréciée des cultivateurs.
Idem	Idem	Idem	Idem	»	15.000	
Idem	Idem	Imperator	Idem	21.000	»	
Idem	Idem	Idem	Idem	»	16.000	
Saint-Lizier	Bernère	Géante de Reading	Alluvions	25.000	»	
Idem	Idem	Imperator	Argileux	12.000	»	
Idem	Idem	Institut de Beauvais	Alluvions	»	25.000	
Massat	Galy-Gasparrou	Imperator	Argilo-siliceux	11.850	»	
Idem	Idem	Idem	Idem	»	12.500	
Idem	Idem	Géante de Reading	Idem	12.200	»	
Idem	Idem	Idem	Idem	»	11.000	
Idem	Idem	Institut de Beauvais	Idem	14.500	»	
Idem	Idem	Idem	Idem	»	12.300	
Idem	Idem	Chardon	Idem	12 500	»	
Idem	Idem	Idem	Idem	»	10.000	
Balaguères	Morère	Imperator	Argilo-siliceux	11.500	»	La sécheresse a diminué le rendement.
Idem	Idem	Géante de Reading	Idem	8.400	»	
Cérisols	Duclos	Institut de Beauvais	Argilo-calcaire	»	12.200	
Idem	Idem	Géante de Reading	Argilo-siliceux	12.800	»	
Idem	Idem	Imperator	Idem	7.200	»	
Saurat	Bergasse	Idem	Idem	24 600	»	Le peronospora a frappé surtout la variété Beauvais et diminué le rendement.
Idem	Idem	Institut de Beauvais	Idem	»	16.500	
Idem	Idem	Géante de Reading	Idem	»	6.500	
Besset	Roubichou	Institut de Beauvais	Idem	15.500	»	Résultats satisfaisants sur un terrain sec.
Idem	Idem	Imperator	Idem	13.500	»	
Idem	Idem	Eléphant blanc	Idem	11.300	»	
Idem	Idem	Institut de Beauvais	Idem	»	10.500	
Idem	Idem	Chardon	Idem	»	7.800	
Rouze	Soumain	Imperator	Idem	21.420	»	Efficacité remarquable des engrais industriels.
Idem	Idem	Institut de Beauvais	Idem	20.500	»	

Idem	Idem	Beauvais jaune	Idem	18.400	»	Idem.
Idem	Idem	Chardon	Idem	»	10.500	
Cos	Vergnes	Imperator	Argilo-calcaire.	10.500	»	
Idem	Idem	Idem	Idem	»	4.500	
Idem	Idem	Beauvais jaune	Idem	12.500	»	
Idem	Idem	Idem	Idem	»	5.100	
Idem	Idem	Géante de Reading	Idem	12.500	»	
Idem	Idem	Idem	Idem	»	10.400	
Idem	Idem	Institut de Beauvais	Idem	17.400	»	
Idem	Idem	Idem	Idem	»	15.500	
Idem	Idem	Jaune de Hollande	Idem	15.500	»	
Foix	Vidal	Institut de Beauvais	Idem	18.500	»	
Idem	Idem	Idem	Idem	»	12.300	
Idem	Idem	Beauvais jaune	Idem	15.400	»	
Idem	Idem	Idem	Idem	»	10.400	
Mirepoix	Azéma	Institut de Beauvais	Idem	21.800	»	
Idem	Idem	Idem	Idem	»	28.000	
Saint-Jean-de-Verges	Ferriés	Idem	Argilo-siliceux.	23.500	»	
Idem	Idem	Idem	Idem	»	15.400	
Idem	Idem	Imperator	Idem	21.400	»	
Idem	Idem	Idem	Idem	»	14 500	
Artix	Soula	Idem	Idem	16.400	»	
Idem	Idem	Idem	Idem	»	7.500	
Idem	Idem	Institut de Beauvais	Idem	17.500	»	
Idem	Idem	Idem	Idem	»	8.400	
Mazères	Martimor	Idem	Idem	»	11.550	Le fumier a été appliqué à la dose de 30.000 kilogrammes à l'hectare.
Idem	Idem	Beauvais sélect	Idem	»	12.550	
Idem	Idem	Eléphant blanc	Idem	»	11.500	
Idem	Idem	Géante de Reading	Idem	»	9.900	
Idem	Idem	Imperator	Idem	»	9.700	
Idem	Idem	Blanche du pays	Idem	»	9.900	
Lavelanet	Lanta	Institut de Beauvais	Argilo-calcaire.	»	20.050	
Ax	Rivière-Boulié	Imperator	Argilo-siliceux.	»	13.500	
Idem	Idem	Géante de Reading	Idem	»	9.400	
Iguaux	Not	Imperator	Idem	»	15.500	
Idem	Idem	Géante de Reading	Idem	»	11.400	

Champs de démonstrations scolaires de 1893.

Culture de pommes de terre Institut de Beauvais, sur parcelles de 50 mq. chacune, avec engrais variés.

Rendements à l'hectare, exprimés en kilogrammes.

DÉSIGNATION des parcelles.	Mas-d'Azil. — M. Lasserre.	Castéras. — M. Carrière.	Dun. — M. Cambus.	Boussenac. — M. Dedieu.	Eycheil. — M. Audoubert.	Montjoie. — M. Duclos.	Oust. — M. Rives.	Massat. — M. Ruffié.	Sainte-Croix — M. Bénazet.	Savignac. — M. Rivière.	Lieurac. — M. Grauby.	Sinsat. — M. Rouby.
N° 1. 60.000 kilog. fumier à l'hectare.	28.600	23.800	19.600	9.000	31.000	29 900	17.800	27.000	10.400	51.600	9.000	33.600
N° 2. 1.200 kilog. eng. complet à l'hectare.	32.400	25.500	20.400	10.000	42.000	32.000	19.440	32.800	14 400	52.400	12.000	32.400
N° 3. 1,000 kilog. eng. minéral à l'hectare.	27.800	20.400	8.600	9.400	24.800	21.400	12.800	26.600	12.000	42.200	8.400	26.800
N° 4. 400 kilog. matière azotée à l'hectare.	23.600	17.680	5.080	9.200	28.000	25.500	18.600	32.400	10.800	29.000	4.000	20.400
N° 5. Sans engrais.	19.400	17.340	14.720	8.000	24.000	28.800	13.600	24.600	5.000	18.600	7.000	16.600

BUDGET SUR EXERCICE 1892.

Sur crédit Etat :

Mémoire du 29 mars 1892, pour engrais azotés, potassiques ou phosphatés, 8,800 kilogrammes.......................... 1.500 fr.

Sur crédit départemental :

Mémoire du 8 octobre 1892, achat d'engrais complet 8,800 kilogrammes.................... 1.500 fr.

Champ d'expériences de Montgauzy.

Subvention de la Société d'agriculture et du Comice agricole de Foix............	447 fr.
Vente de foin et regain..............	110
Vente de blé non distribué..........	105
Vente de paille....................	32
Vente de vin	120
Vente de maïs......................	21
Vente de haricots..................	20
Vente de pommes....................	12
Pommes de terre distribuées........	Mémoire.
Plants de vigne et arbres distribués....	Mémoire.
Total...........	867 fr.

Dépenses :

Pour travaux de défoncement.........	133 fr.
Pour travaux de culture	734 fr.
Total............	867 fr.

CHAMPS D'EXPÉRIENCES DE 1893-94.

Champ d'expériences de Montgauzy.

1° Culture des pommes de terre, variétés diverses.
2° Culture de la vesce velue.
3° Culture de variétés diverses de haricots.
4° Extension de la collection de vigne.
5° Pépinière de greffage de la vigne.
6° Pépinière de pommiers à cidre.
7° Pépinière de poiriers.
8° Expériences pour la destruction du ver blanc.

Champs de démonstrations.

I. — Culture du blé.
1° M. Duclos, à Cérisols.
2° M. Roubichou, à Besset.
3° M. Soumain, à Rouze.
4° M. Vergnies, à Cos.
5° M. Ferriés, à Saint-Jean.
6° M. Trinqué, à Saint-Girons.
7° M. Cathala, à Sabarat.
8° M. Soula, à Artix.
9° M. Bernère, à Saint-Lizier.
10° M. Morère, à Balaguère.
11° M. Azéma, à Mirepoix.
12° M. Lasserre, au Mas-d'Azil.
13° M. Dufour, à Prat-et-Bonrepaux.

II. — Culture de pommes de terre.

Les pommes de terre récoltées au champ de Montgauzy y seront réparties avec engrais dans vingt champs départementaux sur les indications de Messieurs les Conseillers généraux.

Pour l'organisation des champs de 1893-94, le Conseil général a voté une somme de 1,500 francs; cette somme, augmentée d'une subvention égale de l'Etat, suffira pour l'organisation de nos champs.

Statistique agricole décennale.

I. — Le sol et le climat.

A l'extrémité méridionale de la France, le département de l'Ariège, adossé à l'Espagne au Sud, est compris entre les Pyrénées-Orientales au Sud-Est, l'Aude à l'Est et la Haute-Garonne au Nord et à l'Ouest.

Il peut être divisé en deux zones naturelles : la région des montagnes, où prennent naissance les nombreux affluents de l'Ariège et du Salat, et la région de côteaux et des plaines, zones séparées par les montagnes du Plantaurel, qui vont de l'Est à l'Ouest, de Lavelanet au Mas-d'Azil et Daumazan.

Ces deux zones sont nettement caractérisées au point de vue géologique, climatérique et agronomique.

Au point de vue géologique, la zone située au Nord du Plantaurel, comprenant à peu près tout l'arrondissement de Pamiers, est caractérisée par les affleurements tertiaires et quaternaires.

La série éocène ou nummuniltique se compose des sous-étages suivants, de bas en haut :

Grès sableux ou terreux.

Marnes rouges.

Calcaires compactes sans fossiles.

Calcaires et marnes fossilifères.

Calcaires compactes à miliolites.

Marnes et argiles nummilites.

Alternaires variées de grès et de marnes.

Poudingue de Palanou à galets calcaires et ciments siliceux.

L'éocène est surtout étendu dans l'Est du département où le poudingue forme le sous-sol de presque tout le canton de Mirepoix. Il forme encore la partie méridionale des cantons de Varilhes, du Fossat et du Mas-d'Azil.

Le miocène est une formation essentiellement lacustre qui peut être rapporté au miocène du bassin de Paris et particulièrement au falimen. On peut le diviser en trois sous-étages, qui sont de bas en haut :

Calcaires marneux.

Marnes argileuses.

Limons caillouteux rappelant le pliocène. Les côteaux de la Basse-Ariège des cantons du Mas-d'Azil, Fossat, Varilhes, Pamiers, Saverdun, appartiennent au miocène. Les sols argilo-calcaires, qui sont situés sur le miocène, appelés terres-forts, constituent des terrains remarquables pour la culture du maïs et du blé.

Le quaternaire est représenté par les alluvions étendues de l'Ariège et de l'Hers. Il est formé de nappes de sables et de cailloux roulés, plus ou moins gros, selon qu'on remonte plus ou moins vers la source de la rivière.

Dans la deuxième zone ou région montagneuse du département, correspondant aux arrondissements de Foix et de Saint-Girons, on rencontre des formations primitives, de transition et secondaires, dont les soulèvements et fractures ont si bien mêlé les affleurements que la disposition de ces terrains est aussi confuse qu'est régulière la superposition des étages tertiaires.

On peut répartir ainsi les terrains géologiques du département :

Granit gneiss et micaschiste..............	0.3
Terrains de transition....................	0.2
Trias jurassique et crétacé...............	0.2
Tertiaire et quaternaire..................	0.3

Au point de vue climatérique, les deux régions naturelles de l'Ariège sont caractérisées par les différences qu'entraînent des variations d'altitude, qui vont de 220 à 400 mètres pour l'arrondissement de Pamiers et de 400 à 2,500 mètres pour les arrondissements de Foix et de Saint-Girons. Entre la température moyenne du haut département et de Pamiers, il y a une différence de 15°. La neige qui couvre toute l'année les hautes cimes ne dure que quelques jours à Pamiers.

Au point de vue agronomique, les deux zones sont encore nettement définies. La Basse-Ariège fait, sur ses côteaux et ses plaines, les céréales et la vigne ; elle engraisse un peu de bétail. La Haute-Ariège, de constitution moins uniforme avec ses bois, ses pâturages, ses prairies en montagne et ses étroites mais fertiles vallées en culture, se livre surtout à l'élevage du bétail.

Sur des formations géologiques variées, car l'Ariège a toute la gamme des terrains, comme elle a toute la gamme des climats par ses différences d'altitude, le département cultive des sols agricoles très divers, au point de vue de la composition et de la fertilité. Terres siliceuses, argilo-siliceuses ou argileuses sur le granit, le gneïss ou le schiste de transition ; terres calcaires ou argilo-calcaires ou argileuses sur le trias, le jurassique ou le crétacé ; terres calcaires, argilo-calcaires, argilo-siliceuses ou siliceuses sur le tertiaire et la quaternaire.

Les meilleures de ces terres sont sur les alluvions des vallées étroites de la Haute-Ariège. Les terres franches des vallées du Lez, du Salat, de la Haute-Ariège sont d'une fertilité remarquable qu'elles doivent à leur composition et à l'apport d'une quantité considérable de fumier, dont un bétail nombreux va chercher les éléments sur les prairies et les pâturages de la montagne. Les sols argilo-calcaires ou argileux de Pamiers ou terres-forts conviennent pour la culture du maïs, du blé et des légumineuses.

Les sols argilo-siliceux de la vallée basse de l'Ariège ont besoin d'être amendés pour devenir aptes à la culture du blé.

La plupart de nos terres contiennent une quantité suffisante de potasse, mais toutes sont améliorées par les phosphates ou superphosphates de chaux ou les matières azotées.

Les eaux abondantes dans la région montagneuse sont souvent habilement utilisées. Dans le canton de Massat notamment, en descendant de Col-de-Port à

Massat, les irrigations des prairies en pentes qui couvrent tout le sol sont admirablement faites. Ces prairies ainsi traitées de temps immémorial, car on fait remonter la pratique des irrigations à l'invasion sarrazine, se maintiennent, sans fumure, à une bonne production. Ces irrigations par rigoles de niveau, dont l'inférieure sert de colateur à la supérieure, sont encore pratiquées dans la vallée de la Barguillère, près Foix, mais la plupart des autres vallées ont à s'inspirer de l'exemple de Massat pour le traitement de leurs prairies.

Le département comprend 120,000 hectares de terrain portés au cadastre sous le nom de landes ou pâtis. Ces terrains, situés en haute montagne, sont plus ou moins enherbés et ne peuvent être utilisés que par la dépaissance du bétail. Ils sont susceptibles d'amélioration par le drainage des plateaux et l'utilisation des sources pour l'irrigation des pentes.

Les cantons de la montagne se plaignent de voir restreindre leur droit de dépaissance, sur ces terrains, par l'administration forestière qui les revendique au nom de l'Etat. On se demande comment la propriété forestière de l'Etat, qui était de 11,000 hectares en 1862, est passée à 79,000 hectares en 1882, sans plantation de forêts. Il est certain qu'il est de l'intérêt général de favoriser la dépaissance sur des surfaces enherbées qui ne peuvent être mises en valeur autrement, au lieu de l'empêcher. L'intérêt général se confond ici avec l'intérêt des montagnards et non avec l'intérêt abstrait de l'état forestier.

L'Ariège n'a pas de carte agronomique, mais elle a

une excellente carte géologique au $\frac{1}{80.000}$, dressée par M. Mussy, ingénieur des mines, vers 1870. Cette carte a été peu modifiée par les études postérieures.

D'une façon générale, les divisons de la carte agronomique coïncident avec les divisions de la carte géologique. Ainsi, sur le granit et le gneïss, les sols agricoles sont sablonneux ou argilo-siliceux ; sur les schistes siluriens, les sols sont argileux ; sur le calcaire dévonien, les sols sont argilo-calcaires ; sur le trias, le jurassique et le crétacé, les sols sont argilo-calcaires ou argileux ; sur le miocène, les sols sont argilo-calcaires ou argilo-siliceux ; sur le quaternaire des grandes vallées, le sol est siliceux ou argilo-siliceux. Pour tous les terrains susénumérés et par grandes masses, la carte géologique peut servir de carte agronomique.

Il n'en est pas ainsi pour les terrains situés sur l'éocène, dont la composition est très variable d'hectare en hectare et de mètre à mètre, peut-on dire. J'ai été amené à faire cette constatation en m'occupant de la reconstitution des vignes de l'Ariège, qui sont presque entièrement situées sur l'éocène.

L'éocène est constitué par des roches très variées : calcaires plus ou moins compactes, fossilifères ou non, marnes, argiles, grès, sables. Comme conséquence, car dans ces terrains tertiaires le sol arable résulte de la désagrégation des couches géologiques, les sols agricoles présentent une composition extrêmement variée, si variée, que fréquemment, dans le même champ, de mètre à mètre, la proportion de calcaire passe de 1 0/0 à 50 0/0. Dans ces conditions, une carte agronomique ne pourrait être faite qu'à l'échelle du cadastre. J'ai dû y renoncer et me mettre, pour l'examen des sols de reconstitution, à l'examen du sol des agriculteurs qui veulent planter des vignes.

II. — Les cultures.

La statistique agricole de 1852 donne la répartition suivante des cultures. Nous choisissons cette statistique parce qu'elle donne la division par arrondissement et démontre la spécialité des zones ou régions dont nous avons parlé plus haut : Foix et Saint Girons, avec prairies naturelles et pâturages étendus; Pamiers, avec céréales, prairies artificielles et vignes.

DÉSIGNATION des cultures.	Arrondissement de Pamiers.	Arrondissement de St-Girons.	Arrondissement de Foix.	TOTAUX pour le département.
Céréales........	43.576 h.	17.844 h.	26.697 h.	88.117 h.
Racines et légumes.	6.262	5.069	8.778	20.109
Cultures diverses .	1.239	1.345	953	3.537
Prairies artificielles	7.024	4.219	1.563	12.806
Jachères.........	16.291	4.548	8.192	29.031
Prairies naturelles.	3.415	20.302	12.172	35.889
Vignes.........	9.117	1.801	1.645	12.753
Pâturages........	13.662	46 672	69.293	129.427
Bois et forêts.....	28.166	48.383	81.189	157.718
Surface cadastrée.	128.852 h.	148.073 h.	210.462 h.	489.387 h.

Dans l'arrondissement de Pamiers, on pratique l'assolement triennal. Autrefois cet assolement consistait en la succession suivante : 1° blé ; 2° maïs ; 3° jachère.

La jachère a disparu complètement dans les sols fertiles, remplacée par les racines fourragères ou les prairies artificielles. En réalité, c'est un assolement alterne irrégulier que l'on pratique sur ces terres fertiles.

Dans les sols infertiles, au contraire, l'assolement triennal se maintient avec la jachère et non sans raison. La pomme de terre et le maïs, nos plantes sarclées principales, sont, en effet, tellement salissantes que le blé ou le seigle ne peuvent venir après elles sans être envahis par les mauvaises herbes. On pratique, d'ailleurs, les demi-jachères avec fourrages annuels d'automne, de printemps et d'été. Les cultures du trèfle incarnat, du maïs fourrage, des vesces, sont parfaitement entendues et je n'ai rien à apprendre à nos paysans, cette année où la culture de ces fourrages annuels a tant d'importance pour suppléer au manque de fourrage qu'a entraîné un printemps d'une sécheresse exceptionnelle.

Le fumier de ferme est appliqué, chaque année, à chaque culture dans la proportion de 10 à 12,000 kilogrammes à l'hectare. Il n'est peut-être pas possible de renoncer à cette pratique dans des terres ardentes qui ne feraient pas de réserves de fumier pour les récoltes successives.

Cette pratique, en tout cas, a un inconvénient certain pour la culture du blé, dont elle arrête le rendement. Le fumier est un engrais salissant. Par son application directe au blé, on ne peut dépasser et on ne dépasse pas, en effet, dans les meilleurs sols, le rendement de 24 hectolitres à l'hectare. Dans des sols dont le rendement ordinaire est de 8 à 10 hectolitres à l'hectare, on passe à 20 ou 24 hectolitres par l'application d'un engrais complémentaire coûtant 90 francs par hectare. L'application du même engrais sur un sol fertile avec fumier de ferme élève le rendement de 2 ou 3 hectolitres à peine, mais les mauvaises herbes foisonnent dans ces blés.

Les cantons de Lavelanet et Foix, de Saint-Lizier et de Sainte-Croix ont à peu près l'assolement de l'arrondissement de Pamiers. Ces cantons sont à cheval sur la Haute et la Basse-Ariège. Les autres cantons de la Haute-Ariège, Massat, Oust, Castillon, Ax, Tarascon, Cabannes, Vicdessos, pratiquent sur leurs terres labourables un assolement alterne biennal des plus intensifs.

1° Blé ou seigle.

2° Pommes de terre, maïs, haricots.

Le plus souvent, le sarrazin est cultivé comme récolte dérobée après le seigle.

La production est élevée et la fertilité se maintient ou s'élève par l'application, à ces terres labourées, d'une quantité considérable de fumier, dont les éléments sont pris aux pâturages de la montagne.

Le froment, le méteil et le seigle sont cultivés comme céréales d'hiver. L'avoine se sème en hiver ou au printemps. Le seigle est la céréale de la montagne ou des terres sans calcaire de l'arrondissement de Pamiers.

Le maïs est la plante des terres-forts de Pamiers ; le sarrazin produit dans les fraîches vallées de la montagne.

Le département a quelques variétés appréciées, à bon droit, des cultivateurs. Ainsi, l'arrondissement de Foix cultive le blé de Freychenet, résistant suffisamment à la verse et surtout à la rouille. Dans les arrondissements de Pamiers et Saint-Girons, on a les variétés *metadene* et les bladettes de Nérac et de Puylorens.

J'ai essayé, dans les champs d'expériences et de démonstrations, l'introduction de nouvelles variétés. Après insuccès répétés, j'ai dû signaler l'impossibilité d'utiliser les blés à grand rendement du Nord. Seules, les variétés du Sud-Ouest, et notamment le blé rouge niversable de Bordeaux, donnent d'excellents résultats. Cette variété se répandra utilement dans le département. Je la cultive et sélectionne personnellement depuis dix ans avec succès. Les variétés précoces de maïs quarantain et cinquantain sont recommandables, parcequ'elles permettent de faire à propos l'ensemencement de la céréale qui doit succéder au maïs. Les légumes secs, haricots et fèves, sont cultivés sur une surface de 7,000 hectares environ avec un rendement moyen de 12 à 15 hectolitres à l'hectare. La fève est utilisée pour l'engraissement du bétail. Le département a une variété de haricots, le haricot rond de Bonnac, précoce, productif et très fin, qui possède une réputation méritée dans les départements du Midi. Les négociants viennent les chercher sur les marchés de Pamiers et de Mazères.

La pomme de terre est cultivée en grand comme plante alimentaire ; elle pourra devenir une plante industrielle pour la production de la fécule ou de l'alcool. Il y a 10 ans, on ne cultivait guère que la variété chardon, résistant au péronospora; c'est sa grande qualité, mais d'un rendement insuffisamment élevé. J'ai étudié une trentaine de variétés au champ d'expériences de Montgauzy, dont les produits sont distribués aux champs de démonstrations et aux cultivateurs, et j'ai réussi à propager l'excellente variété « Institut de Beauvais, » dont le rendement est au moins deux fois plus élevé. J'estime que, quand même ils n'auraient pas rendu d'autres services, les champs de démonstrations ont déjà payé mille fois ce qu'ils ont coûté au département et à l'Etat.

Les betteraves ne sont cultivées que pour le bétail, sur 6,000 hectares environ, avec un rendement moyen de 15,000 à 20,000 kilogrammes.

Les cultures industrielles sont tout à fait accessoires. Elles comprennent le lin et le chanvre. Je doute fort que les primes allouées par l'Etat puissent relever ces cultures.

La culture des terres labourables a bien des progrès à réaliser.

L'ensemencement des céréales, qui pourrait se faire au semoir dans la plus grande partie de l'arrondissement de Pamiers, se fait encore à la volée. On pourrait économiser, de ce chef, une quantité considérable de semence. Le déchaussage, immédiatement après la moisson, n'est pas assez souvent pratiqué.

La plantation de la pomme de terre se fait à des distances trop faibles dans la montagne, au préjudice du rendement; je l'ai maintes fois démontré dans les champs de démonstrations. On plante trop souvent des fragments trop petits de tubercule, au lieu de planter des tubercules moyens entiers Le sarclage des céréales, le seul moyen de les nettoyer pendant la végétation, avec les semis à la volée, n'est pas suffisamment fait. Les binages et buttages de nos plantes sarclées, pommes de terre et maïs, sont souvent insuffisants; ces plantes, qui ne comportent pas l'usage de la houe à cheval, laissent les terres sales.

La moisson s'effectue, quelquefois encore, à la faucille, plus souvent à la faux. Dans la plaine de Pamiers, l'usage de la moissonneuse se répand de plus en plus. Le battage des céréales se fait au fléau ou à la latte dans les petites fermes de la montagne; dans la plaine, à l'aide du rouleau, ou, surtout, de la batteuse

Pour avoir propres les soles de froment, la jachère, ou au moins la demi-jachère, est un expédient souvent commandé et recommandé. Elle s'impose de temps en temps sur les terres fertiles et a de réels avantages sur les terres de basse fertilité, à rente peu élevée.

La culture des prairies artificielles est très bien entendue et tend à s'étendre dans l'arrondissement de Pamiers.

Les prairies naturelles sont d'une valeur fort inégale sur les divers points du département. Leur étendue pourrait se développer aux dépens des pâturages peu productifs de la montagne. Lorsque, il y a quelques années, les montagnes communales de Massat furent livrées à des particuliers, ceux-ci vendirent, en petites parcelles, les pâturages de la région inférieure. Toutes ces parcelles sont devenues de fertiles prairies. Il y a là une leçon dont les communes et l'Etat pourraient profiter ; mais le courant des idées actuelles n'a pas cette direction.

La vigne, qui occupe 12,000 hectares, avec les procédés de culture les plus divers : hautain des romains, vigne basse, treillon, etc., etc., est attaquée sur tous les points par le phylloxéra et en grande partie détruite. La reconstitution ne se fera pas sans difficultés, mais bien dirigée elle peut être l'occasion d'un progrès considérable. Les bons sols non calcaires ne manquent pas, les bons porte-greffes sont connus et les cépages du Beaujolais, du Bordelais et de la Bourgogne ont déjà fait leur preuve dans le département.

Le pommier, qui végète à merveille dans les vallées de nos montagnes, n'est point cultivé autant qu'il devrait l'être. L'extension de sa culture pour la production du cidre est un des progrès que je m'efforce de réaliser depuis longtemps.

Le châtaignier est une des ressources importantes dans quelques communes du département. Les châtaignes fines de Montfa et d'Artix sont justement réputées.

Les forêts occupent 167,000 hectares, dont 76,000 appartiennent à l'Etat. Il ne faudrait surtout pas croire que ces forêts sont boisées, ce serait une erreur, notamment pour les forêts de l'Etat, dont le cinquième seulement est couvert de bois. Si quelqu'un s'étonnait d'entendre parler de forêts sans bois, nos montagnards lui diraient que, en langage forestier, on appelle forêts des surfaces qui pourraient être boisées, parce que, grâce à cet artifice, on peut empêcher l'utilisation, pour le bétail, de vastes surfaces qui, d'ailleurs, ne peuvent être mises en rapport que par lui.

Les maladies parasitaires des végétaux cultivés sont habituellement traitées dans le département.

Grâce au vitriolage du blé de semence, la carie est rare aujourd'hui.

L'application de la bouillie bordelaise à la pomme de terre, pour combattre le péronospora, est communément faite dans le canton de Massat.

Le traitement de l'oïdium de la vigne par le soufrage du mildew par la bouillie bordelaise se fait partout. Malheureusement les divers « rots » qui se montrent en ce moment ne sont pas aussi efficacement enrayés par le sulfatage.

La vente des céréales se fait sans difficulté sur les marchés des chefs-lieux d'arrondissement ou de canton. Le département importe des céréales. Les produits agricoles exportés sont les pommes de terre, les légumes et les fourrages.

III. — Les animaux.

La statistique de 1892 donne la population suivante pour les animaux de la ferme :

Espèce chevaline	8.779
— asine	9.324
— mulacière	1.358
— bovine	106.452

Espèce ovine	367.038
— porcine	59.221
— caprine	5.582

L'Ariège a une race chevaline spéciale, dite race ariégeoise, qui n'est que la race arabe ou barbe introduite par les Sarrazins, mais dégénérée dans des conditions d'alimentation et de climat souvent dures. Les chevaux de moyenne taille sont mal conformés, mais d'une sobriété et d'une rusticité remarquables. Ils sont principalement élevés sur les montagnes de l'arrondissement de Foix. Ces chevaux sont employés avec avantage pour le service des voitures publiques dans le département de l'Ariège ou de la Haute-Garonne.

L'administration des haras s'efforce d'améliorer la race par le sang arabe, mais, malgré ses soins, l'élevage du cheval n'est pas en progrès. Les agriculteurs se plaignent de ne pas trouver un prix suffisamment rémunérateur de leurs produits, même lorsqu'ils sont réussis.

L'Ariège produit aussi un certain nombre de mules et de mulets, qui autrefois se vendaient très bien aux Espagnols aux foires du Carla et de Laroque-d'Olmes. Cette production baisse comme la production chevaline; les éleveurs de l'arrondissement de Pamiers achètent des juments du Poitou pour obtenir des mules plus étoffées.

Les ânes sont de la race des Pyrénées, excellente pour le travail.

L'Ariège utilise trois races bovines : la race Carolaise,

la race Saint-Gironnaise et la race Garonnaise. La race Carolaise est brune (muqueuses noires), sous-poils blaireaux plus ou moins foncés. Elle est produite dans la haute vallée de l'Ariège, dont elle utilise les dépaissances en montagnes, pendant les mois de l'été. Les sujets, vendus, à six mois, aux foires de Tarascon ou d'Ax-les-Thermes, sont élevés dans la plaine où ils se développent bien et donnent d'abord d'excellents animaux de travail et plus tard, à cinq ou six ans, de magnifiques bêtes de boucherie.

La race Saint-Gironnaise blonde (muqueuses blanches), sous-poils bruns plus ou moins foncés, est produite dans le Saint-Gironnais. Le centre de son aire est Massat, où l'on trouve les meilleurs types. Cette race prend moins de développement que la précédente, mais elle fournit, sous une plus petite taille, d'excellentes bêtes de travail, très agiles et surtout d'excellentes laitières. Si les industries laitières prennent dans le Saint-Gironnais un développement considérable, c'est cette merveilleuse race rustique qu'il faudra améliorer par la sélection. On ne comprend pas que cette sélection n'ait pas encore tenté quelques riches propriétaires du Saint-Gironnais.

Les races Garonnaise et Gasconne ne sont pas produites dans l'Ariège, mais achetées dans les départements voisins de la Haute-Garonne et du Gers; elles sont utilisées comme bêtes de travail, puis d'engraissement dans l'arrondissement de Pamiers, concurremment avec la race Carolaise.

Le travail du bœuf s'impose dans le département de

l'Ariège, aussi bien dans les terres-forts compactes de l'arrondissement de Pamiers que dans les terrains en forte pente de la montagne. L'importation des races précoces ou l'amélioration par ces races est sans opportunité. Il faut améliorer nos deux belles races de travail et laitière par une sélection suivie et une bonne alimentation. L'alimentation est trop souvent insuffisante, parce que chaque propriétaire élève trop de bétail. Les Comices de Foix et de Saint-Girons opèrent la sélection de la race par l'envoi annuel sur la montagne de magnifiques taureaux. Malheureusement cette bonne initiative des Comices est contrecarrée par l'état déplorable des mères mal nourries et surtout par le mélange, dans le troupeau des mères, de jeunes mâles qui font la monte par contrebande.

Le travail se fait par les bœufs dans l'arrondissement de Pamiers, par les vaches dans les deux autres arrondissements.

L'engraissement du bœuf et de la vache se fait dans l'arrondissement de Pamiers.

Cinq ou six fruitières bien installées, avec un matériel moderne, dont quelques-unes subventionnées par l'Etat ou le département, enseignent l'utilisation rémunératrice du lait par les produits dérivés beurres et fromages. Un vaillant industriel de Saint-Girons, M. Souquet, tient la tête du mouvement à ce point de vue, dans son usine de Saint-Girons, où il traite une quantité considérable de lait.

L'espèce ovine, malgré la dépréciation des laines, se maintient dans le département. Il ne faut pas oublier qu'un certain nombre de pâturages ne peuvent être utilisés que par le mouton Le département a deux races : la race Lauragaise et la race Pyrénéenne ariégeoise. Les autres races n'ont jamais figuré dans le département que comme bêtes de concours.

La race Lauragaise est produite, élevée et engraissée dans l'arrondissement de Pamiers. Elle est de bonne taille, ses formes sont belles, sa toison est bien tournée avec des brins de moyenne finesse.

La race Ariégeoise est forte, haute sur jambe, fortement encornée. Sa conformation est loin d'être aussi harmonieuse que celle du Lauragais. La tête est moyenne, busquée et présente des taches rouges ou noires. Cette race, qui est produite et élevée en montagne, passe la belle saison dans les hauts pâturages et est engraissée dans les plaines.

Les cinquante-neuf mille sujets de l'espèce porcine constituent un mélange de la race du pays et des races anglaises précoces, en variation désordonnée.

La production des porcs est une industrie souvent avantageuse. L'élevage et l'engraissement se font dans toutes les fermes du département. Selon qu'on cherche graisse ou viande, on choisit tel ou tel type, car chaque ménage consomme un porc par an. L'Ariège, qui importe, avons-nous dit, des produits végétaux, exporte, au contraire, une quantité considérable de bétail bovin, ovin ou porcin.

C'est dans les foires de Foix, Varilhes, Pamiers, Saverdun, la Bastide-de-Sérou que les négociants viennent faire l'approvisionnement des départements du **Midi.**

IV. — Les engrais et amendements.

Le bétail, relativement nombreux, élevé dans le département ne produit qu'une quantité insuffisante de fumier, pour l'arrondissement de Pamiers au moins, où la surface labourée est considérable. Si encore ces fumiers étaient bien installés et soignés de façon à être protégés contre les pertes par le lavage ou l'échauffement! La fosse à fumier bien tenue est l'exception dans les fermes, malgré les leçons de tous les journaux agricoles et mes recommandations persistantes dans nombre de conférences faites depuis quinze ans. Il me semble pourtant qu'il y a un progrès sur ce point.

Les engrais complémentaires, dont j'ai montré l'usage, depuis dix ans, dans vingt champs de démonstrations, sur les divers points du département, commencent à se répandre.

Les engrais employés sont les phosphates et superphosphates de chaux, le chlorure de potassium et le sulfate de potasse, le sulfate d'ammoniaque, l'azotate de soude et la cornaille ou rapure de corne produite dans le département par les fabriques de peignes de la Bastide-sur-l'Hers et du Peyrat.

La valeur des engrais chimiques consommés dans le département dépasse 200,000 francs. Le syndicat des agriculteurs de l'Ariège fait plus de 125,000 francs d'affaires en engrais.

On applique les engrais phosphatés à toutes les cultures. Sur les prairies naturelles, ils augmentent considérablement la production des légumineuses. Sur les céréales, ils augmentent la résistance des tiges et le rendement du grain.

Les engrais phosphatés, appliqués aux céréales sur des terrains peu fertiles, donnent des résultats très rémunérateurs. Je l'ai déjà dit, sur des terrains argilo-siliceux d'un rendement de 8 à 10 hectolitres, on passe à des rendements de 20 à 24 hectolitres avec un emploi d'engrais complets du prix de 90 francs à l'hectare. La culture industrielle du blé devient possible dans ces conditions. Un propriétaire intelligent et muni de capitaux s'est lancé dans cette voie.

Les amendements pratiqués sont le chaulage et le marnage. Grâce au marnage, la plupart des terres à seigle de la plaine peuvent être transformées en terres à blé.

Le département, si bien doté au point de vue des richesses minérales, n'a point de gisement important de phosphate de chaux ou de potasse. Les grottes préhistoriques, d'où l'on extrait des ossements, seront bientôt épuisées. L'emploi des matières de vidanges et des boues des villes n'est pas suffisamment étendu.

V. — Outillage.

L'état de l'outillage agricole s'améliore tous les jours. On a partout de bonnes charrues Rouquet. La herse et le rouleau, s'ils ne se trouvent pas dans chaque ferme, sont employés partout parce qu'on se les prête. Les faucheuses et le râteau à cheval se répandent dans les grandes fermes ainsi que les moissonneuses. Le battage est le plus souvent opéré par des entrepreneurs qui parcourent le pays avec batteuses à manèges ou à vapeur.

Des instruments dont l'usage n'est pas assez répandu sont les semoirs, les houes scarificateurs ou cultivateurs, grâce auxquels, par des labours superficiels, on maintient le sol propre d'herbes adventices. On peut évaluer l'outillage d'une ferme, par homme et paire de bœufs, à 600 ou 700 francs.

VI — Industries annexes.

L'Ariège n'a pas d'industrie agricole importante.

Les fruitières subventionnées par l'Etat ou le département et les établissements de M. Souquet, à Saint-Girons, M. de Martrin, à la Bastide-de-Sérou, ne traitent pas le centième du lait produit par nos vaches. On ne peut pas appeler fromageries les installations rudimentaires d'Auzat, de Gestiès et d'Oust.

La distillation de la pomme de terre serait certainement possible et avantageuse dans les cantons du Saint-Gironnais, où la pomme de terre produit abondamment, mais les capitaux agricoles manquent. Il faut constater que les capitaux ne vont pas, en ce moment, à l'agriculture; les prêts agricoles, même sur hypothèques, sont difficiles; les industries manufacturières, commerciales et de spéculation dévorent tout. On parle bien, de temps en temps, de l'organisation du crédit agricole, mais, sans le réveil des goûts agricoles, nous doutons fort qu'on aboutisse.

VII. — Améliorations foncières.

En dehors des irrigations de prairies en montagne, qui sont fort bien faites, le département pourrait pratiquer l'irrigation des plaines d'alluvions qui bordent l'Ariège à l'aide d'eau prise sur la rivière en amont.

Un projet de canal de la Basse-Ariège a été étudié à diverses reprises et pourrait être mis en exécution. Ce canal arroserait 15,000 hectares de plaine dans les cantons de Varilhes, Pamiers et Saverdun. Il enrichirait le pays qu'il toucherait en permettant, sur des sols sablonneux sains, la culture des fourrages artificiels et donnant la sécurité pour toutes les cultures. Ce projet sera certainement repris et aboutira.

La production du cidre était insignifiante, il y a quelques années; elle s'élève peu à peu. Je poursuis, depuis plusieurs années, la multiplication des pommiers à cidre, qui doit prendre, dans le haut département, autant d'importance que la vigne, dans la Basse-Ariège. Le Conseil général est entré dans cette voie et, avec son concours, j'ai établi, au champ d'expériences de Mongauzy, une pépinière de pommiers, de variétés normandes, dont les arbres sont distribués dans les communes de la montagne. Le cidre sera, je l'espère, dans quelques années, une des bonnes productions du département.

Le phylloxéra s'attaque rapidement à nos vignes, la reconstitution s'effectue peu à peu. Elle n'est pas sans difficultés parce que la plupart des vignes de l'Ariège étaient plantées sur les terrains éocènes, de composition très variable, contenant souvent une haute dose de calcaire. Quelques fausses manœuvres ont été faites au début ; des vignes plantées en sol calcaire meurent de la chlorose. On ne plante guère, en ce moment, sans me consulter et j'ai fait des centaines de dosages de calcaire au laboratoire départemental. Les porte-greffes utilisés sont le Riparia, le Rupestris, le Jaguez. La reconstitution sera l'occasion de l'amélioration de la viticulture départementale. On ne greffera guère, je l'espère, que des cépages précoces de la Bourgogne, du Beaujolais et du Bordelais. La vicinalité de l'Ariège a fait des progrès énormes depuis dix ans. L'agriculture est, à ce point de vue, très bien servie.

VIII. — Économie rurale.

Dans tout le département, la propriété est classée en :

Grande propriété, au-dessus de 40 hectares.

Moyenne propriété, de 10 à 40 hectares.

Petite propriété, au-dessous de 10 hectares.

La grande propriété comprend : 167,000 hectares ou 41 0/0.

La moyenne propriété comprend : 86,000 hectares ou 21 0/0.

La petite propriété comprend : 153,000 hectares ou 38 0/0.

La culture se divise, parallèlement à la propriété, en grande, moyenne et petite culture, correspondant aux mêmes surfaces.

La division de la propriété s'accentue avec les héritages, mais sans arriver à un morcellement excessif.

La petite propriété s'étend au grand bénéfice de la richesse publique, car rien, pas même l'organisation scientifique de la grande propriété, ne peut balancer les effets économiques et moralisateurs de la petite propriété.

Dans la crise actuelle, la grande propriété a peine à vivre, la moyenne propriété succombe sous l'hypothèque et l'expropriation, la petite propriété est florissante sans se soucier de la balance des exportations et des importations.

Dans tout le département, la petite propriété est exploitée par le faire-valoir direct. Dans l'arrondissement de Pamiers, la grande et moyenne propriétés sont exploitées le plus souvent directement à l'aide de maîtres-valets; le fermage et le métayage sont plus usités. Dans l'arrondissement de Foix, la grande et la moyenne propriétés sont exploitées par fermages ; le métayage est exceptionnel. Dans l'arrondissement de Saint-Girons, la grande propriété est exploitée par fermages, la moyenne par fermages ou métayages. Les conditions du fermage, du métayage et du faire-valoir direct sont, dans l'Ariège, ce qu'elles sont ailleurs, les revenus baissant avec la valeur de la propriété. Faut-il comparer ces modes divers ? Je dirai que tant vaut l'exploitant, tant vaut le mode d'exploitation.

Selon que le propriétaire, le fermier ou le métayer détient le capital intellectuel et mobilier, on voit réussir le faire-valoir direct, le fermage ou le métayage.

A mon avis, il y a avantage à ce que l'exploitation soit faite par le plus instruit, n'importe sa condition.

Et cet avis est partagé par tous ceux qui comprennent que l'industrie agricole, pour être exercée économiquement, exige une instruction spéciale et des capitaux comme les autres industries.

Les domestiques à gages, hommes ou femmes, sont loués pour une année, qui part du 1er novembre, comme les baux de fermage et de métayage. Le domestique mâle est payé de 200 à 250 francs par an avec nourriture. Il est nourri à la table du fermier ou du métayer et souvent du propriétaire. On peut évaluer sa nourriture à 250 francs par an. Elle consiste en légumes, pain de blé ou de méteil, salé de porc ou de volaille, un peu de vin pour l'époque des travaux pénibles, moissons et battages.

La servante à l'année gagne de 150 à 200 francs et est nourrie. Depuis 10 ans, la condition de ces ouvriers s'est certainement améliorée. Ils sont mieux nourris et les gages se sont élevés.

L'agriculture occupe des ouvriers à la journée ou journaliers. La journée d'homme se paye 2 francs en moyenne. La journée de femme 1 fr. 50. Les prix sont bien plus élevés au moment des grands travaux. La moisson se paye 3 et 4 francs; la fauchaison 3 francs. Avec l'instruction, des goûts de bien-être se sont développés chez les salariés; ils se logent mieux et plus proprement; ils se nourrissent mieux qu'il y a dix ans. Par l'économie, le salarié arrive très bien à la propriété.

IX. — Encouragements a l'agriculture et enseignement agricole.

L'Etat donne, en 1893, 10,000 francs pour encouragements à l'agriculture sous forme de subventions aux Sociétés agricoles ou pour les champs d'expériences et de primes pour l'élevage des chevaux.

Le département donne 20,900 francs pour le même but et dans les mêmes conditions.

Le département a une Société d'agriculture et un Syndicat d'agriculteurs ; chaque arrondissement a un Comice.

La Société d'agriculture a 80 membres. Ses ressources se composent du montant des cotisations à 10 francs l'une, plus les subventions de l'Etat et du département. Elle publie ses travaux dans un journal qui lui est commun avec la Société de la Haute-Garonne. Elle a organisé, cette année, avec l'aide des Comices de Pamiers et de Foix, un Concours départemental de fermes, de bétail reproducteur, de machines et de produits. Elle a annuellement un Concours d'instituteurs.

Le Syndicat départemental a plus de 3,000 adhérents. Ses ressources se composent des cotisations à 2 francs, plus une subvention de 200 francs du département. Son rôle est l'achat des matières agricoles avec contrôle. Ses affaires ont dépassé 180,000 francs en 1892.

Les Comices de Pamiers, Foix et Saint-Girons sont subventionnés par l'Etat et le département. Ils organisent des Concours d'animaux reproducteurs qui contribuent à l'amélioration de la race.

L'Ariège a une Ferme-École dans l'arrondissement de Pamiers qui, sous une habile direction, marche à la tête de l'agriculture de la région.

Une chaire d'agriculture existe depuis 1879. Le professeur a, pendant quelques années, fait un cours d'agriculture au collège de Foix. Ce cours est supprimé depuis l'érection du collège en lycée. Le cours d'agriculture fait à l'Ecole normale s'adresse depuis 15 ans à une vingtaine d'élèves qui, devenus maîtres à leur tour dans les écoles communales, contribuent à l'instruction agricole. Les conférences aux adultes sont très suivies avec une moyenne de 120 auditeurs. Un laboratoire, dirigé par le professeur d'agriculture, existe depuis quelques années. Le professeur s'y livre à l'étude des fruits à cidre du pays, à l'analyse du sol. Il a fait, cette année, des centaines de dosage de calcaire. Le professeur a encore la direction d'un champ d'expériences à Foix et de nombreux champs de démonstrations subventionnés par l'Etat et le département.

On fait, au champ d'expériences, l'étude des cépages américains et des pommiers à cidre, des variétés de céréales et de pommes de terre avec engrais divers.

Les produits de ce champ sont distribués aux champs de démonstrations, où l'on poursuit l'étude des engrais industriels, des procédés culturaux et des variétés de semence. Des résultats intéressants, la propagation de bonnes pratiques agricoles et de bonnes variétés ont été déjà obtenus.

Foix, imp. Vᵉ Pomiès.

www.ingramcontent.com/pod-product-compliance
Ingram Content Group UK Ltd.
Pitfield, Milton Keynes, MK11 3LW, UK
UKHW022146170726
13837UKWH00004B/1813

9 782019 923747